Cook50182

我的第一本鑄鐵平底鍋 ● 料理
一日三餐免換鍋！1 個人、小家庭都實用

作者｜岸田夕子（勇気凛りん）

翻譯｜陳文敏

美術完稿｜許維玲

編輯｜彭文怡

校對｜連玉瑩

行銷｜石欣平

企畫統籌｜李橘

總編輯｜莫少閒

出版者｜朱雀文化事業有限公司

地址｜台北市基隆路二段 13-1 號 3 樓

電話｜02-2345-3868

傳真｜02-2345-3828

劃撥帳號｜19234566 朱雀文化事業有限公司

E-mail｜redbook@ms26.hinet.net

網址｜http://redbook.com.tw

總經銷｜大和書報圖書股份有限公司 （02）8990-2588

ISBN｜978-986-97227-0-4

初版一刷｜2018.12

定價｜360 元

出版登記｜北市業字第 1403 號

國家圖書館出版品預行編目

我的第一本鑄鐵平底鍋料理：一日三
餐免換鍋！1個人、小家庭都實用
／岸田夕子（勇気凛りん）著– 初版.
-- 臺北市：朱雀文化, 2018.12
面；公分 --（Cook50；182）
ISBN 978-986-97227-0-4（平裝）
1.食譜

427.2

About 買書

●朱雀文化圖書在北中南各書店及誠品、金石堂、何嘉仁等連鎖書店均有販售，如欲購買本公司圖書，建議你
直接詢問書店店員。如果書店已售完，請撥本公司電話（02）2345-3868。

●● 至朱雀文化網站購書（http : / /redbook.com.tw），可享 85 折起優惠。

●●●至郵局劃撥（戶名：朱雀文化事業有限公司，帳號 19234566），掛號寄書不加郵資，4 本以下無折扣，
5～9 本 95 折，10 本以上 9 折優惠。

我的第一本
鑄鐵平底鍋料理

一日三餐免換鍋！1個人、小家庭都實用

EVERY DAY SKILLET!

日本最大食譜網站 cookpad 超人氣料理研究家
岸田夕子（勇気凛りん）著

朱雀文化

序

每天好好使用鑄鐵鍋！

　　猶記孩提時代，第一次向聖誕老公公許的願望，就是「一台烤箱」。那時每次看到電視上的烹飪節目教人烤餅乾，我就躍躍欲試。不過，因為家裡只有烤吐司的小烤箱，不管烤幾次都烤焦。日子一天天過去，仍然不斷的失敗。後來連媽媽都說：「拜託，別再烤餅乾了啊！」阻止我繼續。

　　某年聖誕節，聖誕老公公真的如我所願，送了我一台烤箱，是放在瓦斯爐上加熱的瓦斯烤箱。因為有了它，我終於能成功地烤焙餅乾，從此之後，我完成陷入烤箱料理的世界。

　　第一次接觸鑄鐵鍋，是大約 10 年前住在美國芝加哥時。鑄鐵鍋料理不僅能用瓦斯爐加熱，更適合以烤箱烹調，對於孩童時便愛上烤箱料理的我來說，很快便深深著迷。現在，家中餐桌上的料理幾乎都靠它完成，我常常打從心裡稱讚，「鑄鐵鍋實在太棒了！」。

　　最近，鑄鐵鍋帶動了一股熱潮，但如果單純當作一種流行就太可惜了。誠心建議大家千萬別把它束之櫥櫃深處，要時常拿出來，每天好好使用。你一定能感受到鑄鐵鍋料理令人難以言喻的美味。

日本最大食譜網站 cookpad 超人氣料理研究家
岸田夕子（勇気凛りん）

目 錄
CONTENTS

關於本書的標記

- 材料量會依每道料理，標明 1 人份、2 人份、2 ～ 4 人份。但某些情況則標明 1 只平底鍋份量。

- 書中的記量單位：1 杯＝ 200 毫升、1 大匙＝ 15 毫升、1 小匙＝ 5 毫升。

- 烹調時，因自家機器的性能略有差異，所以烤箱、小烤箱的加熱時間僅供參考，讀者必須自行斟酌調整時間。

- 使用鑄鐵鍋、烤箱、小烤箱等會產生高溫的器具時，需更謹慎以避免燙傷。

PART 1
BREAKFAST

用鑄鐵平底鍋做元氣早餐

● 荷包蛋

● 熱三明治・麵包

● 鬆餅

PART ②
CAKE SALE &
QUICHE

用鑄鐵平底鍋
做法式鹹點

PART 3
STANDARD

用鑄鐵平底鍋
做經典料理

可以烹調多種料理喔！

$6\frac{1}{2}$ 吋鑄鐵平底鍋 & $10\frac{1}{4}$ 吋鑄鐵平底鍋

書中的料理，都是以「6½ 吋」和「10¼ 吋」2 種鑄鐵平底鍋
烹調而成。一般鑄鐵鍋看似簡單，實際上卻有很多種類，而這 2 種
平底鍋是最適用於一般家庭料理的尺寸！

$6\frac{1}{2}$ 鑄鐵平底鍋

說到 1 人份的鑄鐵鍋，就是這個尺寸
了！還可以直接把整個平底鍋放在餐桌
上，當作盛裝料理的盤器使用。
內徑 15.5 公分、深度 3 公分

保養方法

很多人認為這是鐵製的鍋子，
所以保養上會相當麻煩，其實
意外地很簡單！使用新鍋時，
迅速沖洗一下即成。廠商在鍋
具出廠前，已經在鍋身塗抹一
層食用油，所以無須再做特別
的開鍋（seasoning）程序。
使用後以棕刷清洗（不需使用
清潔劑），再擦乾水分即成。
趁還是新鍋時，也可以在鍋具
表層塗抹薄薄一層油（沙拉
油、橄欖油等）再收納保存。

$10\frac{1}{4}$ 鑄鐵平底鍋

我最推薦的是這種尺寸稍微大一點，而且附有雙把手（握把和提把）的鍋子。尺寸適中且具有足夠的深度，不管炒或燉煮食材都難不倒它。
內徑 26 公分、深度 5 公分

有了鍋蓋更方便!

建議 10¼ 吋鑄鐵平底鍋要搭配鍋蓋一起使用。由於鐵製鍋蓋比較厚重，蓋上鍋蓋烹調，使鍋內壓力增加，有效鎖住鍋內的水蒸氣，可完美燉煮食材，料理風味更佳。

120 年前就開始使用囉！
一窺鑄鐵鍋的魅力

鑄鐵鍋是把在美國拓荒時代，於戶外可以烹調的荷蘭鍋，開發成在一般家庭也可以使用的厚實鑄鐵鍋。可以直火烹調，耐久性極佳。因受到眾人喜愛，持續著 120 年的傳奇歷史。

萬能的烹調高手

鍋身 0.5 公分厚的鑄鐵鍋因「導熱性」優異，能使食材完整受熱均勻。所以，熱炒食材不說，更擅於將肉煎烤至柔軟、炊煮米飯，以及烹調各種飯料理和咖哩等燉煮料理。是不是覺得難以置信？此外，除了 IH 調理爐、微波爐，它還適用於多種火源喔！

保溫性佳不易冷卻

鑄鐵鍋還有個吸引人之處，就是由於「蓄熱性」極佳，食物不易冷卻，像焗烤、西班牙蒜味蝦、荷蘭烤鬆餅等，便能熱騰騰品嘗。烹調時只要發出「啾一啾一」的聲音，就表示烹調完成，可以大快朵頤了！而且因為是鐵製的鍋子，烹煮過程中鍋子能釋放鐵質，不知不覺中，享受美食的同時還能補充鐵質。

直接放上桌享用

6½ 吋大小的鑄鐵平底鍋，剛好適合烹調 1 人份的煎蛋、焗烤、荷蘭烤鬆餅（荷蘭寶貝煎餅）等。平時煎烤肉類或漢堡排時，烹調完成後可直接整鍋放至餐桌品嘗，兼具烹調器具和盤器的功用，成為鑄鐵鍋的一大特色。加上價格合理，還可依家中人數選擇尺寸，相當實用！另外，若用 10¼ 吋的鑄鐵平底鍋烹調，烹調完成後，「咚」的一聲把整鍋料理放在餐桌上，光看就覺得超豐盛呀！

看起來超美味&豐盛

鑄鐵平底鍋有著黑色鍋身與極簡的外型。鍋身雖然樸實、粗獷，但彷彿有魔法般，只要一放入食材，就會讓人覺得「超美味&豐盛」啊！而一般人常以「好時尚、很有咖啡店氛圍、真可愛……」來形容鑄鐵鍋，大概是因為這種鍋子在烹調上總能出人意料，給人不同的感覺吧！

用鑄鐵平底鍋
做元氣早餐
BREAKFAST

用鑄鐵平底鍋煎的荷包蛋,有著難以言喻的風味。
外層酥酥脆脆,內層蛋黃濃稠滑順。
搭配火腿、蕃茄一起煎,便成了無敵豐盛、好吃的早餐!
利用 2 只鑄鐵平底鍋可以烹調熱三明治,以及適合當作早餐
的鬆餅,營養又變化多,大家一起享用吧!

荷包蛋
Fried Egg

用鑄鐵平底鍋煎荷包蛋，那滋味真是令人垂涎。試試搭配不同食材，烹調出一道道營養滿點的元氣早餐。

經典早餐荷包蛋 吋

材料（1 人份）

吐司（約 3 公分厚）⋯⋯1/2 片

奶油⋯⋯10 克

蛋⋯⋯1 個

橄欖油⋯⋯1 小匙

中型蕃茄⋯⋯1/2 個

肉腸⋯⋯2 根

鹽⋯⋯少許

粗粒黑胡椒⋯⋯少許

做法

1 在吐司的兩面都塗抹奶油。鑄鐵平底鍋以大火加熱，等冒煙後改成小火，放入吐司，煎至吐司的兩面都上色。

2 鍋子迅速擦乾，將剛從冰箱取出的蛋打入細孔篩網中，靜置約 30 秒，讓多餘的水分流出，再將蛋放入小容器中。

3 鑄鐵平底鍋以大火加熱，等冒煙後改成小火，倒入橄欖油，緩緩加入做法 2。

4 加入蛋後，立即放入切對半的蕃茄，切口朝下。然後加入肉腸，一邊翻面一邊煎。蛋煎至蛋白凝固，再以鹽、粗粒黑胡椒調味即成。

普通的荷包蛋彷彿施了魔法，變得超級好吃！

自然風早餐荷包蛋 6 $\frac{1}{2}$ 吋

材料（1 人份）

酪梨……1/2 個

蕃茄（切碎）……1/2 個

鹽……1 撮

乾燥香菜碎……少許

檸檬汁……1 小匙

蛋……1 個

橄欖油……1 小匙

鹽……少許

粗粒黑胡椒……少許

墨西哥碎餅……適量

市售綜合沙拉豆……2 大匙

做法

1　酪梨削除外皮，放入容器中，用叉子壓成泥。加入蕃茄、鹽和香菜碎、檸檬汁混合拌勻。

2　參照 p.14 的方法煎好荷包蛋，然後取出。

3　擦掉鑄鐵平底鍋上面的油，放入墨西哥碎餅，鋪上做法 1 和綜合沙拉豆，擺上荷包蛋，以鹽、粗粒黑胡椒調味即成。

撒入香菜碎調味，
極有特色的早餐。

家中沒有三明治機也無妨，只要備好 2 只鑄鐵平底鍋，也能輕鬆完成這些熱三明治。

火腿與起司的組合，是不敗的基本款早餐。

火腿&起司熱三明治 吋

材料（1 人份）

吐司（約 1.5 公分厚）……2 片
無鹽奶油（室溫）……10 克
火腿……2 片
起司絲……40 克

鑄鐵平底鍋 memo

煎吐司時，從上方蓋上另一只鑄鐵平底鍋後，盡量不要再移動它，如此一來平底鍋底部內層的 **LODGE** 字樣，便能印在吐司上（文字上下維持，左右顛倒）。

做法

1 將 2 片吐司重疊，切掉吐司邊。在吐司外層那一面，整面塗抹奶油。

2 取做法 1 的 1 片吐司，在沒有塗抹奶油那一面，依序鋪上 1/3 量的起司絲、火腿、1/3 量的起司絲、火腿、1/3 量的起司絲，再將另 1 片吐司蓋上（有塗抹奶油的那一面朝上放，圖❶）。

3 2 只鑄鐵平底鍋以大火加熱，等冒煙後改成小火。將其中一只平底鍋放在濕布上，使鍋子稍微降溫（圖❷），再移回爐火上，放上做法 2（圖❸）。

4 立刻將另一只平底鍋也放在濕布上降溫，放在做法 3 上面（鍋子很熱要小心，圖❹）。

5 為了避免燙傷，用鍋把套或乾毛巾拿好握把，以手輕壓煎約 3 分鐘即成。

鑄鐵平底鍋 memo

大火加熱過的鑄鐵平底鍋溫度相當高，如果直接放入三明治煎的話，吐司會燒焦。所以，如果你希望起司能完全融化，建議先將平底鍋放在濕毛巾上降溫，再操作。

熱烤鮪魚起司三明治 6 1/2 吋

材料（1 人份）

吐司（約 1.5 公分厚）……2 片

無鹽奶油（室溫）……10 克

鮪魚（鬆塊狀）……60 克

起司絲……40 克

洋蔥（切碎）……1 大匙

乾燥巴西里（parsley）……1 小匙

做法

1　將 2 片吐司重疊，切掉吐司邊。在吐司外層那一面，整面塗抹奶油。

2　鮪魚擠乾汁液後放入容器中，加入起司絲、洋蔥和巴西里混拌均勻。

3　取 1 片做法 1 中的吐司，將做法 2 鋪在沒有塗抹奶油的那一面，再將另 1 片吐司蓋上（有塗抹奶油的那一面朝上放）。

4　參照 p.17 的做法 3 ～ 5 操作即成。

起司完全融化，
享受著熱騰騰的三明治。

芒果生火腿起司熱三明治

材料（1 人份）

吐司（約 1.5 公分厚）……2 片
無鹽奶油（室溫）……10 克
芒果（切成 2 片）……1/2 個
生火腿（切對半）……1 片
莫扎瑞拉起司（切 4 片）……50 克
橄欖油……1/2 小匙

做法

1 將 2 片吐司重疊，切掉吐司邊。在吐司外層那一面，整面塗抹奶油。

2 鑄鐵平底鍋以大火加熱，等冒煙後改成小火，倒入橄欖油。加入芒果，煎至兩面上色後取出。

3 取做法 **1** 的 1 片吐司，在沒有塗抹奶油那一面，依序鋪上 2 片莫扎瑞拉起司、做法 **2**、生火腿、2 片莫扎瑞拉起司，再將另 1 片吐司蓋上（有塗抹奶油的那一面朝上放）。

4 迅速擦掉做法 **2** 鑄鐵平底鍋上面的油，參照 p.17 的做法 **3** ～ **5** 操作即成。

芒果的鮮甜與生火腿的鹹味，是絕妙的拍檔啊！

翻轉玉米麵包

材料（2 人份）

顆粒玉米……100 克

無鹽奶油……10 克

紅糖……1 大匙

低筋麵粉……55 克

泡打粉……1 小匙

碎玉米……30 克

精緻砂糖……40 克

鹽……少許

蛋……1 個

牛奶……85 毫升

橄欖油……25 毫升

無鹽奶油（麵團用）……10 克

做法

1 加熱前，先將奶油放入鑄鐵平底鍋中，以小火加熱融化，熄火。將紅糖均勻地撒滿整個鍋面，均勻地撒入瀝乾汁液的玉米。

2 將低筋麵粉、泡打粉、碎玉米、精緻砂糖和鹽倒入容器中混合。

3 將蛋打入另一個容器中，加入牛奶、橄欖油、隔水加熱融化的奶油混合拌勻。

4 將做法 3 分 2 次加入做法 2 中，混拌均勻，再倒入做法 1 中。

5 烤箱以 180℃預熱。將做法 4 整鍋放入烤箱中烘烤 20 分鐘，再改成 160℃繼續烘烤 20 分鐘。等平底鍋降溫後，再將烤好的玉米麵包倒扣取出即成。

鑄鐵平底鍋 memo

碎玉米（corngrits）是玉米種子中的胚芽磨成的粉，屬於稍微粗磨的粉類。通常依磨的粗細而有粗粒玉米粉（cornmeal）和玉米穀粉（corn flour）等名稱。不過若說撒在英式馬芬表皮的粉，大家說不定會比較容易了解。

甜玉米和奶油，
令人一吃就上癮。

鬆餅
Pancake

用鑄鐵平底鍋煎鬆餅更加事半功倍。以鬆餅搭配果醬、水果的甜餡，亦可搭配鮪魚、火腿等鹹料，是最受歡迎的早餐料理。

咀嚼切得細碎的馬鈴薯，
口中發出卡滋卡滋的聲響。

馬鈴薯鬆餅佐酪梨鮭魚 ➤ 參照 p.24

夾入滿滿蔬菜，
是吃得飽足的主食鬆餅。

BLT 鬆餅 ➤ 參照 p.25

馬鈴薯鬆餅佐酪梨鮭魚

材料（8 片）

馬鈴薯⋯⋯約 250 克

洋蔥⋯⋯1 個（約 200 克）

蛋⋯⋯1 個

低筋麵粉⋯⋯1 大匙

鹽⋯⋯2 撮

粗粒黑胡椒⋯⋯少許

青蔥⋯⋯2 根

橄欖油⋯⋯3 大匙

煙燻鮭魚⋯⋯約 30 克

酪梨⋯⋯1/2 個

酸奶油（sour cream）⋯⋯2 大匙

做法

1 馬鈴薯、洋蔥削除外皮，用刨絲器刨成細絲，放入清水中浸泡，瀝乾水分。

2 將蛋、低筋麵粉、鹽和黑胡椒倒入另一個容器中混拌均勻。

3 將做法 1 的水分徹底擠乾，和做法 2、蔥花一起拌成餡料。

4 鑄鐵平底鍋以大火加熱，等冒煙後改成小火，倒入 2 大匙橄欖油。用湯匙舀 1/8 量的做法 3，放入鑄鐵平底鍋中，並且把表面弄平成 1 片，一次煎 4 片。單面煎約 4 分鐘，然後翻面再煎約 4 分鐘。把煎好的鬆餅放在廚房紙巾上，吸掉多餘的油分。

5 倒入剩下的 1 大匙橄欖油，再煎好 4 片。

6 將做法 4、5 分別盛入不同的盤子中，搭配煙燻鮭魚、切成片的酪梨和酸奶油一起食用。

BLT 鬆餅

 6 $\frac{1}{2}$ 吋

材料（1 人份）

原味優格（室溫）……30 克

蛋（室溫）……2 個

牛奶（室溫）……60 毫升

精緻砂糖……1 大匙

低筋麵粉……90 克

泡打粉……1 小匙

無鹽奶油……15 克

厚片培根……2 片

蕃茄……1/2 個

生菜……2 片

A
> 日式美乃滋……2 大匙
>
> 原味優格……1 大匙
>
> 顆粒芥末醬……1 小匙

做法

1 將原味優格、蛋、牛奶和砂糖倒入容器中混拌均勻。

2 低筋麵粉、泡打粉混合後過篩，加入做法 **1** 中混拌，接著再加入隔水加熱融化的奶油混合拌勻。

3 鑄鐵平底鍋以大火加熱，然後放在濕布上，使鍋子稍微降溫，再以小火加熱。緩緩倒入一半量的做法 **2**，煎至餅皮的周圍變乾就可以翻面，然後煎熟取出。以相同方法煎好另一片鬆餅（煎第二片時，鍋子不用放在濕布上降溫）。

4 將培根放在鑄鐵平底鍋上，煎至上色；蕃茄切成 1 公分厚的片狀；生菜用手剝成適當大小。

5 取 1 片鬆餅放在盤子上，鋪上做法 **4**，淋上混拌好的做法 **1**，再蓋上另一片鬆餅即成。

鑄鐵平底鍋 *memo*

和製作熱三明治一樣，煎鬆餅時，大火加熱過的鑄鐵平底鍋溫度相當高，如果直接放入煎餅的話，馬上就會燒焦。所以建議先將平底鍋放在濕毛巾上降溫，再開始煎。

BLT 是指培根（Bacon）、生菜（Lettuce）和蕃茄（Tomato）。BLT 三明治便是以這三樣為主材料，搭配美乃滋，是歐美常見的三明治。

用鑄鐵平底鍋
做法式鹹點
CAKE SALE &
QUICHE

試試用 6½ 吋的鑄鐵平底鍋做鹹蛋糕、
鹹派這類法式鹹點吧！活用這種鍋子的形狀，
可以隨意完成各種鑄鐵平底鍋料理。
只要將整個鍋子直接放入烤箱中，接下來，
等待烤好即成。等待的過程是幸福的。
不一會兒，表面鬆脆、餡料柔軟的
法式鹹蛋糕、鹹派就大功告成囉！

鹹蛋糕
Cake Sale

做法簡單的法式鹹蛋糕是很一般的家庭料理，可依家中現有的食材製作，完成各種風味的成品，當作下午茶、餐點都適合！

這是一道滿滿雞肉內餡的
鬆軟法式鹹蛋糕

基本麵糊 吋

材料（1 只平底鍋份量）

蛋（室溫）……2 個

橄欖油……3 大匙

低筋麵粉……100 克

泡打粉……1 小匙

做法

將蛋打入容器中，加入橄欖油混拌，然後篩入已事先混合好的低筋麵粉、泡打粉，拌至無粉粒即成。

這份麵團中沒有加入鹽，方便調整風味。

雞肉蘆筍鹹蛋糕 吋

材料（2 人份）

市售沙拉雞肉（以鹽、胡椒基本調味後，蒸熟的雞胸肉）……1 個

蘆筍……6 根

基本麵糊……1 只平底鍋份量

香料鹽……1 撮

起司絲……40 克

做法

1. 雞肉切約 1 公分寬，先留下 4 片，其餘的切 2 公分的小丁。

2. 蘆筍切掉下端約 3 公分，從下方往上削皮 3～4 公分。取 2 根蘆筍，保留從穗尖往下約 13 公分這一段，其餘下半部分切成約 2 公分的滾刀塊。

3. 將香料鹽、雞肉丁、蘆筍塊和 30 克起司絲拌入基本麵糊中混合。

4. 鑄鐵平底鍋表面薄塗一層橄欖油（份量外），放在烤盤上，送入烤箱中以 180℃預熱。完成預熱後取出鑄鐵平底鍋，加入做法 3 後把表面弄平，再均勻地撒上剩餘的做法 1、2，以及剩餘的 10 克起司絲。

5. 放回烤箱中，溫度調整至 170℃烘烤 40～45 分鐘即成。

鑄鐵平底鍋 memo

剛烤好的鹹蛋糕比較難從鑄鐵平底鍋中取出，建議等鍋子冷卻後再取出，形狀較完整漂亮。

這道料理孩子們看了
一定很開心！

粗顆粒肉質
維也納香腸鹹蛋糕
➤ 參照 p.32

蝦子與酪梨醬是最佳拍檔，
濃厚風味很吸引人。

蝦子酪梨鹹蛋糕
➤ 參照 p.32

滿滿辣椒玉米鹹蛋糕
➤ 參照 p.33

濃濃辣椒風味，
也可以當下酒菜。
玉米顆粒的食感令人驚艷。

微微的咖哩香，
搭配熱呼呼的馬鈴薯。

洋蔥咖哩馬鈴薯鹹蛋糕
➤ 參照 p.33

粗顆粒肉質維也納香腸鹹蛋糕

材料（2 人份）

粗顆粒肉質維也納香腸……6 根
甜椒……1/2 個
基本麵糊（參照 p.29）
……1 只平底鍋份量

做法

1 將 4 根維也納香腸切 1 公分寬的圓片；甜椒切掉蒂頭、取出籽，切成粗粒，兩種材料拌入基本麵糊中混合。

2 鑄鐵平底鍋表面薄塗一層橄欖油（份量外），放在烤盤上，送入烤箱中以 180℃預熱。

3 完成預熱後取出鑄鐵平底鍋，加入做法 1 後把表面弄平。將剩下的 2 根維也納香腸縱切對半，鋪在麵團上面。

4 放回烤箱中，溫度調整至 170℃烘烤 40 ～ 45 分鐘即成。

蝦子酪梨鹹蛋糕

材料（2 人份）

蝦子……6 尾
酪梨……1 個
洋蔥……1/2 個
橄欖油……1 大匙
香料鹽……1 撮
基本麵糊（參照 p.29）
……1 只平底鍋份量
起司粉……1 小匙

做法

1 洋蔥順著纖維切成薄片；蝦子剝掉外殼，去掉尾巴，背部淺淺劃開，挑除腸泥，然後蝦肉切對半。酪梨削除外皮、去掉果核，然後切成一口大小。

2 鑄鐵平底鍋以大火加熱，等冒煙後改成小火，倒入橄欖油。加入洋蔥炒至呈透明後，再加入蝦子、香料鹽炒至蝦子肉變色。

3 將酪梨、做法 2 拌入基本麵糊中混合。

4 將做法 2 的鑄鐵平底鍋輕輕擦拭掉油分，表面薄塗一層橄欖油（份量外），放入做法 3 後把表面弄平，撒入起司粉。烤箱以 170℃預熱，將整個平底鍋放入烤箱中，烘烤 40 ～ 45 分鐘即成。

滿滿辣椒玉米鹹蛋糕

材料（2 人份）

顆粒玉米罐頭……100 克

甜椒……1/2 個

厚片培根……60 克

橄欖油……1 小匙

基本麵糊（參照 p.29）

……1 只平底鍋份量

辣椒粉……1 小匙

鹽……1 撮

做法

1 玉米完全瀝乾水分；甜椒切 1 公分小丁；培根切 0.5 公分寬。

2 鑄鐵平底鍋以大火加熱，等冒煙後改成小火，倒入橄欖油。加入培根炒至上色，再加入玉米、甜椒迅速炒一下，取出。

3 將辣椒粉、鹽和做法 2 拌入基本麵糊中混合。

4 將做法 2 的鑄鐵平底鍋輕輕擦拭掉油分，放入做法 3 後把表面弄平，烤箱以 170℃ 預熱，將整個平底鍋放入烤箱中，烘烤 40 ～ 45 分鐘即成。

洋蔥咖哩馬鈴薯鹹蛋糕

材料（2 人份）

小的洋蔥……1/2 個（約 100 克）

小的馬鈴薯……3 個（約 150 克）

橄欖油……1 小匙

蕃茄醬……2 大匙

咖哩粉……1 大匙

味噌……1 小匙

基本麵糊（參照 p.29）

……1 只平底鍋份量

做法

1 馬鈴薯削除外皮後切 1 公分寬的條狀，放入清水中浸泡，再倒入耐熱容器中，容器包上保鮮膜，以微波加熱約 3 分鐘。

2 洋蔥順著纖維直切薄片，放入耐熱容器中，倒入橄欖油、蕃茄醬，以微波加熱約 2 分鐘。咖哩粉、味噌混拌均勻，然後拌入基本麵糊中混合，再加入 2/3 量的做法 1 混合。

3 平底鍋表面薄塗一層橄欖油（份量外），放在烤盤上，送入烤箱中以 180℃ 預熱。取出鍋子，加入做法 2 後把表面弄平，鋪上剩下的做法 1，放回烤箱中，溫度調整至 170℃ 烘烤 40 ～ 45 分鐘即成。

雞肉鬆牛蒡鹹蛋糕
➤ 參照 p.37

鹿尾菜黃豆鹹蛋糕
➤ 參照 p.36

小蕃茄高達起司鹹蛋糕
➤ 參照 p.35

蕃茄的鮮甜在口中彈開，令人垂涎的滋味。

小蕃茄高達起司鹹蛋糕

6 $\frac{1}{2}$ 吋

材料（2 人份）

小蕃茄……10 個

高達起司……50 克

洋蔥……1/2 個

橄欖油……1 小匙

基本麵糊（參照 p.29）

……1 只平底鍋份量

鹽……1 撮

粗粒黑胡椒……適量

起司絲……20 克

做法

1 高達起司切成一口大小；小蕃茄切掉蒂頭，用小叉子刺入切掉的位置，用手指擠出蕃茄籽（不使用蕃茄籽）。

2 洋蔥順著纖維切成薄片。鑄鐵平底鍋以大火加熱，等冒煙後改成小火，倒入橄欖油，加入洋蔥炒至呈透明。

3 將做法 1、2、鹽和粗粒黑胡椒拌入基本麵糊中混合。

4 將做法 2 的鑄鐵平底鍋輕輕擦拭掉油分，鍋表面薄塗一層橄欖油（份量外），放入做法 3，撒上起司絲。

5 烤箱以 170℃預熱，將整個平底鍋放入烤箱中，烘烤 40 ～ 45 分鐘即成。

鑄鐵平底鍋 *memo*

去掉小蕃茄的種籽後加入麵糊混拌，因為去掉了蕃茄的水分，所以麵糊不會濕濕的，很快便能烤好。

鹿尾菜黃豆鹹蛋糕

材料（2 人份）

乾燥鹿尾菜……6 克

胡蘿蔔……1/4 根

豆皮……1 片

水煮黃豆……50 克

橄欖油……2 小匙

清酒……1 大匙

醬油……1 大匙

蜂蜜……1 小匙

基本麵糊（參照 p.29）
……1 只平底鍋份量

做法

1 鹿尾菜放入水中泡軟，完全擠乾水分；胡蘿蔔切細絲；豆皮縱切對半，再切細絲。

2 鑄鐵平底鍋以大火加熱，等冒煙後改成小火，倒入橄欖油，加入做法 1 的胡蘿蔔、鹿尾菜炒，炒熟之後加入清酒、醬油和蜂蜜混合拌勻，接著加入做法 1 的豆皮、水煮黃豆迅速拌炒，取出。

3 將做法 2 拌入基本麵糊中混合。

4 將做法 2 的鑄鐵平底鍋輕輕擦拭掉油分，鍋表面薄塗一層橄欖油（份量外），放入做法 3，烤箱以 170℃ 預熱，將整個平底鍋放入烤箱中，烘烤40 ～ 45 分鐘即成。

鑄鐵平底鍋 memo

烹調燉煮鹿尾菜時，如果有多餘的，
剛好可以用來烹調這道鹹派。

（ 牛蒡的鮮甜風味與絞肉的
口感非常相配。 ）

雞肉鬆牛蒡鹹蛋糕 6 1/2 吋

材料（2 人份）

雞絞肉……200 克
牛蒡……1/2 根
芝麻油……2 小匙
味噌……1 大匙
蜂蜜……2 小匙
基本麵糊（參照 p.29）
……1 只平底鍋份量

做法

1 取 1/3 量的牛蒡切細絲，放入清水中浸泡，其餘的牛蒡都切粗碎。

2 鑄鐵平底鍋以大火加熱，等冒煙後改成小火，倒入芝麻油，加入雞絞肉炒，炒至半熟時，加入做法 **1** 的牛蒡碎塊、味噌和蜂蜜炒，炒至雞絞肉熟了，熄火。

3 將做法 **2** 拌入基本麵糊中混合。

4 將做法 **2** 的鑄鐵平底鍋輕輕擦拭掉油分，鍋表面薄塗一層芝麻油（份量外），放入做法 **3** 後把表面弄平，撒上做法 **1** 的牛蒡絲。烤箱以 170℃ 預熱，將整個平底鍋放入烤箱中，烘烤 40 ～ 45 分鐘即成。

鑄鐵平底鍋 memo

切成細絲的牛蒡不浸泡清水也無妨。不過度去除澀味也是這道料理美味的關鍵。

口感酥鬆的派皮，搭配美味的蔬菜、魚貝和肉，
以及濃稠的蛋、起司，實在是完美的組合。

鹹派的基本派皮
完成囉！

基本派皮 吋

材料（1 只平底鍋份量）

低筋麵粉……100 克

無鹽奶油……50 克

糖粉……1/2 大匙

蛋液……1/4 ～ 1/2 個份量

 鑄鐵平底鍋 memo

麵團可放入冰箱冷藏保存 3 天，
冷凍保存約 1 個月。

烘烤派皮時，快烤好的前 2 分鐘
塗抹上蛋液（側面也要塗抹），
可使派皮更堅固。

烤好的派皮直接放在鑄鐵平底鍋
中，不用脫模，加入內餡即成。

做法

1　從冰箱取出冰硬的奶油，切成 1 公分的丁塊，放入容器中，加入低筋麵粉，以雙手搓來混合（圖❶）。接著加入糖粉混拌，再將蛋液一點點加入混成團，包上保鮮膜，放入冰箱冷藏半天～1 天，讓麵團鬆弛（圖❷）。

2　取出鬆弛好的麵團，打開保鮮膜，以擀麵棍將麵團擀成直徑約 21 公分的圓形麵皮，連著保鮮膜將麵皮鋪放在鑄鐵平底鍋上（圖❸），隔著保鮮膜，以手一邊壓入麵皮，一邊壓出空氣，使麵皮貼合平底鍋底部和周圍。麵皮超出平底鍋邊緣的部分切掉（圖❹）。

3　在派皮上面鋪一張烘焙紙，放入重石（圖❺），放入以 180℃預熱好的烤箱中烘烤 25 分鐘，然後取出，移走烘焙紙和重石，以毛刷刷入蛋液（剛才製作麵團時剩下的蛋液）（圖❻），再放回烤箱烘烤 2 分鐘即成。

鹽漬橄欖乾蕃茄鹹派

6 1/2 吋

〈蛋奶液〉

材料（1 只平底鍋份量）

牛奶……30 毫升

鮮奶油……50 克

無鹽奶油……20 克

蛋……1 個

做法

1　將牛奶、鮮奶油和奶油加入鑄鐵平底鍋中，以中火加熱，一邊攪拌一邊煮至奶油融化，熄火。

2　將蛋打入容器中，一點點地加入做法 1 混合均勻即成。

鑄鐵平底鍋 *memo*

蛋奶液是將牛奶或鮮奶油、蛋等食材混拌均勻而成，是料理的基底原料。溫熱的牛奶加熱後可能會凝固，所以操作時要特別注意。

材料（2 人份）

鹽漬橄欖（去籽）……10 個

蘑菇……5 個

乾蕃茄（壓扁）……20 克

基本派皮（參照 p.38）

……1 只平底鍋份量

蛋奶液（參照 p.40）

……1 只平底鍋份量

鹽……1 撮

起司絲……30 克

做法

1　橄欖橫切對半；蘑菇縱切十字，分成 4 等分。

2　準備好基本派皮（參照 p.38 ～ 39），鋪入乾蕃茄，再放入做法 1。

3　蛋奶液中加入些許鹽拌勻，緩緩倒入做法 2 中，均勻地撒入起司絲，放入以 170℃預熱好的烤箱中烘烤 45 ～ 50 分鐘即成。

加入了滿滿的橄欖，
也很適合當成下酒菜。

炒牛蒡絲搭配山藥，
口感爽脆！

炒牛蒡絲山藥鹹派 ➤ 參照 p.44

清脆泡菜和豆腐的組合，
濃郁的風味在口中慢慢擴散。

泡菜豆腐鹹派 ▶ 參照 p.45

炒牛蒡絲山藥鹹派

材料（2 人份）

牛蒡……1/2 根

胡蘿蔔……1/3 根

山藥……約 6 公分長

芝麻油……1 大匙

清酒……1 小匙

蜂蜜……1 小匙

醬油……2 小匙

七味辣椒粉……1 撮

基本派皮（參照 p.38）

……1 只平底鍋份量

蛋奶液（參照 p.40）

……1 只平底鍋份量

做法

1　牛蒡以刷子刷洗外皮；胡蘿蔔削除外皮，兩者都切成 5 ～ 6 公分長的細絲。將牛蒡絲放入清水中浸泡，再確實瀝乾水分。山藥削除外皮，切粗絲。

2　10¼ 吋的鑄鐵平底鍋以大火加熱，等冒煙後改成小火，倒入芝麻油，加入做法 **1** 的牛蒡、胡蘿蔔炒，炒熟後加入做法 **1** 的山藥、清酒、蜂蜜和醬油迅速炒一下，最後以七味辣椒粉調味。

3　準備好基本派皮（參照 p.38 ～ 39），加入做法 **2**，再倒入蛋奶液（參照 p.40），放入以 170℃ 預熱好的烤箱中烘烤 45 ～ 50 分鐘即成。

製作鹹派時，建議用 10¼ 吋的鑄鐵平底鍋炒。大尺寸的鍋子是炒食材的好工具。

泡菜豆腐鹹派

材料（2 人份）

白菜泡菜……150 克

木棉豆腐……1/2 塊

芝麻油……1 大匙

基本派皮（參照 p.38）

……1 只平底鍋份量

起司絲……40 克

蛋奶液（參照 p.40）

……1 只平底鍋份量

日式美乃滋……適量

做法

1　備一鍋沸騰的水，放入豆腐汆燙約 1 分鐘，撈出瀝乾水分。

2　10¼ 吋的鑄鐵平底鍋以大火加熱，等冒煙後改成小火，倒入芝麻油，加入泡菜，炒至泡菜收汁，接著加入用手分成適當大小的豆腐混合拌炒。

3　準備好基本派皮（參照 p.38 ～ 39），鋪入起司絲，再加入做法 2，倒入蛋奶液（參照 p.40），再於最上面擠入細條的日式美乃滋，放入以 170℃ 預熱好的烤箱中烘烤 45 ～ 50 分鐘即成。

鑄鐵平底鍋 memo

鹹派成功的祕訣在於食材要炒至收汁後再加入，少了水分，很快便能烘烤完成。

蝦子綠花椰鹹派
➤ 參照 p.48

鮮甜彈牙的蝦肉令人垂涎欲滴。
這是必點、超受歡迎的人氣美食。

用鮮甜飽滿的帆立貝柱為食材，
這一道也是必吃的人氣料理。

干貝菠菜鹹派 ▶ 參照 p.49

蝦子綠花椰鹹派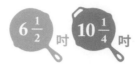

材料（2 人份）

蝦子……6 尾

綠花椰菜……1/4 個

洋蔥……1/2 個

橄欖油……1 大匙

鹽……1 撮

粗粒黑胡椒……少許

基本派皮（參照 p.38）

……1 只平底鍋份量

起司絲……30 克

蛋奶液（參照 p.40）

……1 只平底鍋份量

做法

1 蝦子剝掉外殼，去掉尾巴，背部淺淺劃開，挑除腸泥，然後蝦肉切對半；綠花椰菜分成小朵，梗切成薄片；洋蔥順著纖維切成薄片。

2 10¼ 吋的鑄鐵平底鍋以大火加熱，等冒煙後改成小火，倒入橄欖油，加入做法 1 的洋蔥，炒至呈透明後加入做法 1 的蝦子，炒至蝦子變色、熟了即成。

3 加入做法 1 的綠花椰菜、鹽和粗粒黑胡椒迅速炒一下。

4 準備好基本派皮（參照 p.38 ～ 39），鋪入起司絲，再加入做法 3，倒入蛋奶液（參照 p.40），放入以 170℃ 預熱好的烤箱中烘烤 45 ～ 50 分鐘即成。

剛烤好的溫熱鹹派比較難切，如果想要切得整齊、漂亮，建議等到鹹派完全冷卻後再切。

干貝菠菜鹹派

材料（2 人份）

帆立貝柱……5 個

菠菜……1/2 把

橄欖油……2 小匙

烏斯特黑醋……2 小匙

基本派皮（參照 p.38）

……1 只平底鍋份量

起司絲……50 克

蛋奶液（參照 p.40）

……1 只平底鍋份量

做法

1　10¼ 吋的鑄鐵平底鍋以大火加熱，等冒煙後改成小火，倒入橄欖油，加入帆立貝柱煎至兩面都上色，熄火，接著加入烏斯特黑醋混合拌炒一下。

2　備一鍋沸騰的水，放入菠菜汆燙約 1 分鐘，撈出放入冷水中浸泡，然後立刻取出擠乾水分，切細碎。

3　準備好基本派皮（參照 p.38 ～ 39），鋪入起司絲，再排入做法 1，填入做法 2，倒入蛋奶液（參照 p.40），放入以 170℃ 預熱好的烤箱中烘烤 45 ～ 50 分鐘即成。

鑄鐵平底鍋 *memo*

記得菠菜不要煮過久，只要煮約 1 分鐘即成去掉菠菜中的草酸，保持美味。

切開鹹派食用時，
鮮艷的粉紅色立刻映入眼簾。

50

鮭魚高麗菜鹹派

材料（2 人份）

鹽漬鮭魚……2 片（約 150 克）

橄欖油……2 小匙

高麗菜……100 克

基本派皮（參照 p.38）
……1 只平底鍋份量

起司絲……50 克

蛋奶液（參照 p.40）
……1 只平底鍋份量

做法

1　10¼ 吋的鑄鐵平底鍋以大火加熱，等冒煙後改成小火，倒入橄欖油，加入鮭魚煎至兩面都上色（中間的肉沒熟的話無妨），取出鮭魚，去除魚皮和魚骨，肉切成一口大小。

2　高麗菜切絲，加入做法 1 的鑄鐵平底鍋中，炒至高麗菜熟，倒入做法 1 的鮭魚肉迅速拌炒一下。

3　準備好基本派皮（參照 p.38 ～ 39），均勻地撒入一半量的起司絲，加入做法 2。

4　倒入蛋奶液（參照 p.40），撒入剩餘的起司絲，放入以 170℃ 預熱好的烤箱中烘烤 45 ～ 50 分鐘即成。

鑄鐵平底鍋 memo

如果使用新鮮鮭魚烹調的話，可事先撒入少量鹽再開始烹調。

鴻喜菇南瓜鹹派

材料（2 人份）

鴻喜菇……1 包

南瓜……50 克

塊狀蕃茄罐頭……100 克

橄欖油……1 大匙

味噌……1 小匙

基本派皮（參照 p.38）

……1 只平底鍋份量

起司絲……30 克

蛋奶液……（參照 p.40）

……1 只平底鍋份量

做法

1 鴻喜菇切掉根部，剝開分成一小束一小束；南瓜切成 0.5 公分寬。

2 10¼ 吋的鑄鐵平底鍋以大火加熱，等冒煙後改成小火，倒入橄欖油，加入做法 1 的南瓜炒一下，取出。

3 將做法 1 的鴻喜菇加入做法 2 的鑄鐵平底鍋中炒，炒熟後加入蕃茄，再倒入味噌，炒至收汁、沒有水分。

4 準備好基本派皮（參照 p.38 ～ 39），鋪入起司絲，再排入做法 2，加入做法 3，倒入蛋奶液（參照 p.40），放入以 170℃ 預熱好的烤箱中烘烤 45 ～ 50 分鐘即成。

鑄鐵平底鍋 memo

鹹派烤好之後，與其熱騰騰食用，我會建議大家稍微放一下再享用。等食材稍微變硬會更可口。所以在品嘗美食前，要先忍耐一下子喔！

鴻喜菇的自然鮮甜與熱騰騰
的南瓜，試試這最佳組合。

PART

3

用鑄鐵平底鍋
做經典料理
STANDARD

焗烤、義大利麵、披薩、飯料理和咖哩等，
這些每天一定要吃的經典料理，就交給鑄鐵平底鍋吧！
這種鍋子可以煎烤肉類、完美烹調，捨棄不用實在太可惜了！
也可以用鑄鐵平底鍋烹煮餃子、大阪燒，另有一番滋味喔！

肉
Meat

如果使用鑄鐵平底鍋，可以將肉煎至軟嫩且好吃！
當鍋中發出「啾一啾一」的聲音，直接以鑄鐵平底鍋盛裝
上桌，開動囉！

煎楓糖漿豬排

材料（1 人份）

豬肉（香煎豬排用）……1 片
香料鹽……少許
橄欖油……1 小匙
楓糖漿……1 小匙
醬油……1/2 小匙
● 裝飾
　中型蕃茄……1 個
　水芹……1 根

做法

1　豬肉敲斷肉筋，兩面撒上香料鹽。

2　鑄鐵平底鍋以大火加熱，等冒煙後改成小火，
　　倒入橄欖油，加入做法 1。

3　豬肉兩面煎至焦黃、整塊肉熟透，塗抹楓糖漿，
　　翻面，最後淋入醬油。

4　以鍋鏟將肉推向一邊，將切對半的蕃茄排放在
　　鑄鐵平底鍋空的地方，切面朝下，煎至上色。
　　最後放入水芹即成。

鑄鐵平底鍋 *memo*

鑄鐵平底鍋剛開始以大火加熱，等冒煙後
改成小火，再倒入油，放入食材煎熟。鍋
子因蓄熱性強，所以最初以大火加熱，等
鍋熱了立刻改成小火，方能避免食材燒
焦，並且能受熱均勻。

用鑄鐵平底鍋煎肉，
完成一盤美味豐盛的料理。

先煮過一次，
再燉煮至收汁。

杏桃煮豬肋排 ➤ 參照 p60

蜂蜜大蒜雞腿 ➤ 參照 p.61

加入了蜂蜜的照燒風味雞肉，
外皮酥脆可口。

杏桃煮豬肋排 10 $\frac{1}{4}$ 吋

材料（2 人份）

豬肋排（脊柱旁肋排 back rib 或
腹肋排 spare rib）……8 根
醬油……3 大匙
杏桃果醬……100 克
大蒜（磨成泥）……1 片份量
薑（磨成泥）……2 小匙
豬肋排煮汁……150 毫升

做法

1 將豬肋排放入鑄鐵平底鍋中，倒入可淹過
豬肋排的水量，蓋上鍋蓋，以大火加熱，
煮至沸騰後改成小火，撈起浮末雜質。再
蓋上鍋蓋，以小火煮約 30 分鐘。

2 取出豬肋排和煮汁，將鑄鐵平底鍋以水迅
速沖洗一下。

3 將醬油、杏桃果醬、大蒜、薑和 150 毫升
煮汁，倒入做法 **2** 的鑄鐵平底鍋中混合，
加入豬肋排，蓋上鍋蓋，以小火燉煮約 30
分鐘。燉煮過程中，打開鍋蓋將豬肋排翻
面一次。

4 燉煮約 30 分鐘後，打開鍋蓋，以中火加熱，
一邊將豬肋排翻面幾次，一邊加熱至煮汁
入味、收汁即成。

鑄鐵平底鍋 memo

鑄鐵平底鍋蓄熱性極佳，要注意
避免因鍋子的餘熱繼續加熱，使
食材燒焦。肉若是直接煎的話，
肉質會變硬，所以建議先煮過一
次，再燉煮至收汁。

建議也使用 lodge 品牌的鐵製鍋
蓋，更能與鍋子完全密合，鎖住
食材的鮮味，烹調更美味。

蜂蜜大蒜雞腿 10 $\frac{1}{4}$ 吋

材料（2 人份）

雞腿肉……2 片（約 600 克）

鹽……1 小匙

A

| 大蒜（切碎）……1 小匙

| 薑（切碎）……1 小匙

| 醬油……30 毫升

| 蜂蜜……75 克

橄欖油……1 小匙

做法

1 將雞腿皮那一面朝下放，切掉雞腿露出的多餘雞皮，劃刀斷筋。抹上鹽，靜置約 15 分鐘，再以廚房紙巾擦掉鹽。

2 將 **A** 混合均勻。

3 鑄鐵平底鍋以大火加熱，等冒煙後改成小火，倒入橄欖油，加入做法 **1** 的雞腿肉，雞腿皮朝下，以中小火煎（煎至雞肉側面的肉變白）。

4 將雞腿肉翻面煎約 1 分鐘，用廚房紙巾擦掉雞腿流出的油脂，緩緩倒入做法 **2**，但小心不要弄破雞腿皮。

5 繼續加熱至醬汁濃稠，迅速將醬汁沾在雞腿皮那一面，再將雞腿肉切成易入口的大小即成。

鑄鐵平底鍋 *memo*

將烹調好的雞腿肉切成易入口大小，排入盤中，再沾上適量鑄鐵平底鍋中剩下的醬汁，可以大快朵頤囉！

大阪燒 6½吋

材料（1人份）

高麗菜……100 克

山藥……30 克

日式糯米年糕……1/2 個

明太子……1/2 條

蛋……1 個

柴魚高湯……1 大匙

低筋麵粉……15 克

起司絲……20 克

豬五花肉……2 片

炸麵衣……1 大匙

沙拉油……2 小匙

喜歡的醬汁、日式美乃滋、
柴魚片、紅薑……適量

做法

1 高麗菜切粗片；山藥磨成泥；糯米年糕切成 1.5
公分的小丁；明太子切成一小口。

2 將做法 **1** 中的高麗菜、山藥放入容器中，加入
蛋、柴魚高湯和低筋麵粉，充分拌勻，然後加
入做法 **1** 中的糯米年糕、明太子，以及起司絲，
混合拌勻成麵糊餡料。

3 鑄鐵平底鍋以大火加熱，等冒煙後改成小火，
鍋面整個均勻塗抹沙拉油。緩緩倒入做法 **2** 麵
糊餡料，將表面攤平，排上切成一半的豬五花
肉，撒上炸麵衣。

4 直接加熱約 6 分鐘，然後翻面，同樣加熱約 6
分鐘。

5 再次翻面，淋入醬汁、美乃滋，撒入柴魚片、
紅薑即成。

鑄鐵平底鍋 *memo*

材料中加入了山藥、糯米年糕，可使
大阪燒餡料更加豐盛且具黏稠感。明
太子的特殊咀嚼感、起司絲的濃郁風
味，更添口感。此外，也可加入花枝、
蝦肉或玉米等喜愛的食材，另有一番
滋味。

直到最後一口，都能享受到
熱騰騰的豐盛食材喔！

日式餃子 6½ 吋

材料（12個、2只平底鍋份量）

● 餃子餡料

高麗菜……120 克

鹽……1 小撮

豬絞肉……100 克

烏斯特黑醋……1 小匙

餃子皮……12 片

香油……8 小匙

水……4 小匙

做法

1 **製作餃子餡料：**高麗菜切粗片放入容器中，撒入鹽，放置約 10 分鐘後，以手擠乾水分。

2 將豬絞肉、烏斯特黑醋加入做法 **1** 混拌均勻成餡料，以餃子皮包好。

3 鑄鐵平底鍋以大火加熱，等冒煙後熄火，倒入 2 小匙香油。排入 6 個做法 **2** 包好的餃子，再開小火煎約 1 分鐘，讓餃子底部稍微上色。

4 加入 2 小匙水，蓋上鍋蓋加熱 2～3 分鐘，煎至水分乾掉為止。

5 打開鍋蓋，加入 2 小匙香油，將餃子煎至自己喜愛的焦度（再重複一次做法 **3**～**5** 的操作）即成。

鑄鐵平底鍋 memo

6½ 吋的鑄鐵平底鍋一次以製作 6 個餃子為佳。如果一次放入太多個餃子，水會四處噴濺，最後導致鍋壁燒焦。

使用小型的鑄鐵平底鍋烹調，
1 人份剛剛好！

咖哩・通心麵&起司

Curry · Macaroni & Cheese

咖哩與起司料理，有著濃郁風味的異國情懷，是許多饕客的最愛。一鍋滿滿美食熱騰騰上桌，請小心慢慢品嘗。

煎咖哩 $6\frac{1}{2}$ 吋

材料（1 人份）

咖哩（參照 p.92）
……2 杓（約 100 毫升）

牛奶……60 毫升

米飯……150 克

蛋黃……1 個份量

起司絲……20 克

做法

1 將牛奶倒入鑄鐵平底鍋中以中火加熱，溫熱後加入 2/3 量的咖哩混拌，熄火。

2 將米飯加入鍋子中間，然後弄平，把剩餘的咖哩加在米飯上。

3 在米飯中間挖一洞，填入蛋黃，周圍撒入起司絲。

4 小烤箱預熱，將整個鑄鐵平底鍋放入烤箱中，烤至起司絲融化即成。

咖哩＋牛奶，口味溫和。
蛋搭配起司，更香醇、濃郁！

焗烤玉米甜椒起司通心麵 6 1/2 吋

材料（1 人份）

顆粒玉米罐頭……30 克

甜椒……1/4 個

管狀通心麵……40 克

無鹽奶油……10 克

低筋麵粉……1 小匙

牛奶……100 毫升

鮮奶油……20 克

切達起司（cheddar cheese，
起司絲或起司粉皆可）……40 克

帕瑪森起司（parmesan cheese）
……1 小匙

鹽……1 小撮

麵包粉……10 克

做法

1 甜椒切細碎；玉米完全瀝乾水分。

2 **煮通心麵：**烹煮時間比包裝上建議的短約 1 分鐘，煮好後倒入篩網。

3 將奶油放入鑄鐵平底鍋中，以小火加熱至奶油融化，加入麵粉混合拌勻，加熱至沸騰後，倒入全部牛奶、鮮奶油，一邊攪拌一邊加熱。加入切達起司、帕瑪森起司，一邊攪拌一邊煮至滑順。

4 將做法 1 和 2 加入做法 3 中混合，以鹽調味，撒入麵包粉，放入已預熱的小烤箱中，烤至上色即成。

試試美國的經典料理「焗烤起司通心麵」！

「用鑄鐵平底鍋做焗烤料理」，熱騰騰的超好吃！
這是想嘗試鑄鐵平底鍋烹調的人，不可錯過的代表性料理。

經典焗烤蝦

材料（1 人份）

蝦子……6 尾

洋蔥……1/4 個

蘑菇……3 個

通心麵……50 克

橄欖油……2 小匙

白酒……1 大匙

無鹽奶油……15 克

低筋麵粉……10 克

牛奶……130 毫升

鹽、胡椒……適量

起司絲……30 克

做法

1 洋蔥順著纖維切成薄片；通心麵縱切成薄片。

2 蝦子剝掉外殼，但留下尾巴，背部淺淺劃開，挑除腸泥。

3 **煮通心麵：**烹煮時間可參照包裝上的建議，煮好後瀝乾煮麵水，通心麵放入容器中。

4 鑄鐵平底鍋以大火加熱，等冒煙後改成小火，倒入橄欖油，加入做法 1 的洋蔥開始炒，炒至呈透明後加入做法 2 和白酒，蓋上鍋蓋，加熱約 3 分鐘。等蝦子煮熟，取出鍋中全部的食材，倒入做法 3 的容器中。

5 將奶油放入做法 4 的鑄鐵平底鍋中，以小火加熱至奶油融化，加入麵粉混合拌勻，加熱至沸騰後，倒入牛奶，一邊攪拌一邊煮至濃稠狀（小心不要過度加熱）。

6 將做法 4 加入做法 5 中，以鹽、胡椒調味，撒入起司絲，放入已預熱的小烤箱中，烤至上色即成。

通心麵與蝦肉口感Q彈，
一邊吹氣一邊享用熱騰騰的美食。

濃郁奶醬中加入了蕃茄，
食材的酸味讓料理
風味更具層次。

奶香焗烤雞腿蕃茄　➤參照 p.72

可以品嘗到蘑菇的
獨特風味！

焗烤四季豆蘑菇 ➤ 參照 p.73

奶香焗烤雞腿蕃茄

材料（1 人份）

雞腿肉……100 克

洋蔥……1/2 個

通心麵……50 克

橄欖油……2 小匙

無鹽奶油……15 克

低筋麵粉……10 克

牛奶……130 毫升

塊狀蕃茄罐頭……2 大匙

鹽、胡椒……適量

起司絲……30 克

做法

1 雞腿肉切成一口大小；洋蔥順著纖維切成薄片。

2 準備煮通心麵，烹煮時間可參照包裝上的建議，煮好後瀝乾煮麵水，將通心麵放入容器中。

3 鑄鐵平底鍋以大火加熱，等冒煙後改成小火，倒入橄欖油，加入做法 1 的洋蔥稍微炒幾下，炒至呈透明後加入雞腿肉迅速拌炒，蓋上鍋蓋，加熱約 2 分鐘。等雞腿肉煮熟，取出倒入容器中。

4 將奶油放入做法 3 的鑄鐵平底鍋中，以小火加熱至奶油融化，加入麵粉混合拌勻，加熱至沸騰後，倒入牛奶，一邊攪拌一邊煮至濃稠狀（小心不要過度加熱）。

5 將做法 3、塊狀蕃茄加入做法 4 中混拌，以鹽、胡椒調味，撒入起司絲，放入已預熱的小烤箱中，烤至上色即成。

焗烤四季豆蘑菇 6 $\frac{1}{2}$ 吋

材料（1 人份）

四季豆……12 根

蘑菇……8 個

橄欖油……1 大匙

無鹽奶油……15 克

低筋麵粉……15 克

牛奶……130 毫升

烏斯特黑醋……1 小匙

鹽……1 撮

起司絲……30 克

做法

1 四季豆捏掉前端和去除邊絲，放入滾水中煮約
1 分鐘，取出對切成兩半。

2 蘑菇切細碎。

3 鑄鐵平底鍋以大火加熱，等冒煙後改成小火，
倒入橄欖油，加入做法 2 炒熟，然後連蘑菇，
以及炒蘑菇所出的水一起倒入容器中。

4 將奶油放入做法 3 的鑄鐵平底鍋中，以小火加
熱至奶油融化，加入麵粉混合拌勻，加熱至沸
騰後，倒入牛奶，一邊攪拌一邊煮至濃稠狀（小
心不要過度加熱）。

5 將做法 3、烏斯特黑醋加入做法 4 中，以鹽調
味，鋪入做法 1 的四季豆，撒入起司絲，放入
已預熱的小烤箱中，烤至上色即成。

鑄鐵平底鍋 memo

煎咖哩、通心麵＆起司、焗烤等料
理，都是放入小烤箱中烤，所以取出
時要特別留意，不要燙傷。

用 10¼ 吋的鑄鐵平底鍋烹調義大利麵或千層麵，美味令人垂涎，而且可以直接端至餐桌上享用。

拿坡里義大利麵 10 ¼ 吋

材料（2 人份）

義大利麵（1.8mm）……200 克

洋蔥……1/2 個

青椒……3 個

厚片火腿……1 片（約 80 克）

罐裝蘑菇……1 罐（約 75 克）

橄欖油……2 大匙

蕃茄醬……100 克

日本中濃醬……1 大匙

無鹽奶油……10 克

鹽、胡椒……適量

做法

1 **煮義大利麵：**烹煮時間可參照包裝上的建議。

2 洋蔥順著纖維切成 1 公分寬。

3 青椒切掉蒂頭、取出籽，縱切成 1 公分寬；火腿切適當的長度，再切成 1 公分寬；蘑菇瀝掉水分。

4 鑄鐵平底鍋以大火加熱，等冒煙後改成小火，倒入橄欖油，加入做法 2 炒熟。

5 加入做法 3 迅速拌炒，加入蕃茄醬、中濃醬，炒至水分收乾。

6 加入做法 1 和奶油混拌，最後以鹽、胡椒調味即成。

鑄鐵平底鍋 memo

因為在食材中加入了蕃茄醬炒，增添了鮮甜和微酸風味，完成一道可口的拿坡里義大利麵。

有了蕃茄醬的鮮甜調味，
這道料理比想像中更好吃！

白酒蛤蜊紫高麗義大利麵

材料（2 人份）

義大利麵（1.6mm）……200 克
蛤蜊（吐完砂）……250 克
紫高麗菜……150 克
橄欖油……3 大匙
大蒜（切薄片）……2 片
白酒……2 大匙
鹽……1/2 小匙
粗粒黑胡椒……適量

豐盛的蒸蛤蜊和紫高麗，讓料理更美味！

做法

1 **煮義大利麵：**烹煮時間比包裝上建議的短約 1 分鐘。

2 加熱前，先將橄欖油、大蒜倒入鑄鐵平底鍋中，以中火加熱至散發香氣，加入蛤蜊、白酒，煮至沸騰後蓋上鍋蓋，繼續加熱至蛤蜊的殼打開。

3 將切粗絲的紫高麗菜、鹽，以及剛煮好的義大利麵，從鍋中撈起直接加入做法 **2** 中快炒一下，起鍋前再撒入粗粒黑胡椒即成。

用鑄鐵平底鍋烹調，
連大蒜都能趁熱入口。

香蒜辣椒義大利麵 $10\frac{1}{4}$

材料（2 人份）

義大利麵（1.6mm）……200 克
大蒜（切薄片）……4 片
紅辣椒……2 根
橄欖油……3 大匙
鹽……1/2 小匙

做法

1 **煮義大利麵：**烹煮時間比包裝上建議的短約 1 分鐘。

2 大蒜切 0.4 ～ 0.5 公分的薄片；紅辣椒斜切對半。

3 加熱前，先將橄欖油、做法 **2** 的大蒜倒入鑄鐵平底鍋中，以中火加熱至散發香氣，加入鹽、紅辣椒拌炒。

4 從做法 **1** 中取 200 毫升的煮麵汁，加入做法 **3** 中，煮約 30 秒至沸騰。

5 將剛煮好的義大利麵，從鍋中撈起直接加入做法 **4** 中快炒一下即成。

白醬雞肉千層麵

材料（2 人份）

千層麵……6 片（約 120 克）

橄欖油……1 大匙

洋蔥（切碎）……1 個份量

雞絞肉……300 克

市售瓶裝白醬……400 克

塊狀蕃茄罐頭……200 克

莫扎瑞拉起司絲

　（mozzarella cheese）

……80 克

切達起司絲……20 克

乾燥巴西里……適量

做法

1 **煮千層麵：**烹煮時間可參照包裝上的建議。

2 鑄鐵平底鍋以大火加熱，等冒煙後改成小火，倒入橄欖油、洋蔥稍微拌炒。

3 洋蔥炒至呈透明後，加入雞絞肉煮熟。

4 加入白醬、塊狀蕃茄一邊攪拌一邊加熱。

5 將做法 **1** 的千層麵切成與平底鍋直徑相同的長度，排入做法 **4** 的平底鍋中，千層麵的邊緣必須從醬汁中稍微露出。

6 撒上兩種起司絲、巴西里，烤箱以 240℃預熱。將千層麵放置烤箱的上層，烘烤 8 ～ 10 分鐘即成。

鑄鐵平底鍋 *memo*

千層麵是指扁薄紙形義大利麵中，最寬的一種麵，以及用這種麵做成的料理，而波浪形的則是美式千層麵。如果買不到波浪形的，也可以用扁薄紙形的取代。

波浪形的千層麵,
使醬汁更能浸潤麵片。

披薩
Pizza

我也很推薦用 10¼ 吋的鑄鐵平底鍋製作披薩，可以將整個平底鍋放入烤箱中烘烤，非常方便。

洋蔥蘑菇披薩 10¼吋

材料（1 片）

披薩麵團（參照 p.81）
……1 片份量
小顆洋蔥……1/2 個
罐頭蘑菇……75 克
市售披薩醬……3 ～ 4 大匙
莫扎瑞拉起司絲……70 克
切達起司絲……30 克
橄欖油……1 大匙

做法

1 將披薩麵團鋪入鑄鐵平底鍋中，塗抹披薩醬，均勻地撒入兩種起司絲。

2 洋蔥順著纖維切成薄片；蘑菇瀝乾湯汁，兩種食材均勻地排在做法 1 上，繞圈淋入橄欖油。

3 烤箱以 240℃ 預熱。將做法 2 整鍋放入烤箱中，烘烤 13 ～ 15 分鐘即成。

可以加入紅辣椒碎、塔巴斯科辣椒醬一起享用。

❶ ❷ ❸ ❹

披薩麵團

材料（直徑 26 公分 2 片）

Sacco Rosso 披薩專用麵粉
……240 克
鹽……2.5 克
乾酵母……2.5 克
精緻砂糖……2.5 克
溫水……25 毫升
水……120 毫升
橄欖油……1/2 小匙

做法

1 將麵粉、鹽混合。

2 將乾酵母、砂糖倒入溫水中，使發酵至冒泡泡（圖 ❶）。

3 將做法 2、水倒入做法 1 中開始揉麵團，稍微成團時，加入橄欖油繼續揉，揉至即使拉長麵團也不會破，麵團柔軟有彈性（圖 ❷）。

4 將麵團分成兩份，並且都滾圓，確實捏緊收口（圖 ❸），收口朝下放在盤子中，蓋上保鮮膜，放入冰箱冷藏 6 ～ 7 小時鬆弛（圖 ❹）。

5 鬆弛後麵團體積膨脹約 1.5 倍大，即完成基本麵團。麵團上撒些許麵粉（份量外），以手把麵團拉成圓形。鑄鐵平底鍋鍋面薄塗橄欖油（份量外），鋪入圓形麵團。

豐盛的馬鈴薯，
搭配特殊香氣的迷迭香。

馬鈴薯鯷魚披薩 10 $\frac{1}{4}$ 吋

材料（1 人份）

披薩麵團（參照 p.81）
……1 片份量

馬鈴薯……150 克

鯷魚片……4 條

大蒜（切片）……2 片

新鮮迷迭香……2 根

橄欖油……2 大匙

鹽……1/2 小匙

新鮮莫扎瑞拉起司……100 克

起司粉……2 大匙

粗粒黑胡椒……適量

做法

1 馬鈴薯削除外皮後切片，放入清水中浸泡，確實瀝乾水分；鯷魚片和大蒜切碎；迷迭香的葉子摘下。

2 將做法 **1**、橄欖油和鹽放入容器中，靜置約 10 分鐘。

3 披薩麵團鋪入鑄鐵平底鍋中，鋪上做法 **2**，排入切成 0.5 公分厚的莫扎瑞拉起司片，撒上起司粉。

4 烤箱以 240℃預熱，放入做法 **3** 烘烤 13 ～ 15 分鐘，取出撒上粗粒黑糊椒即成。

滿滿的蔥，並撒入七味辣椒粉，完成辣味和風披薩。

蔥披薩 10 $\frac{1}{4}$ 吋

材料（1 片）

披薩麵團（參照 p.81）
　　　　　……1 片份量

日本大蔥……1 根

珠蔥……1 袋

日式美乃滋……40 克

醬油……1 小匙

七味辣椒粉……少許

莫扎瑞拉起司絲……50 克

切達起司絲……30 克

厚片培根……50 克

做法

1　大蔥切碎；珠蔥切蔥花，兩種蔥混合。

2　披薩麵團鋪入鑄鐵平底鍋中，美乃滋和醬油混合後塗抹在麵團上，撒上七味辣椒粉。

3　將做法 1 均勻地撒在做法 2 上，兩種起司絲也均勻地撒上，再撒上切細的培根。

4　烤箱以 240℃ 預熱，放入做法 3 烘烤 13 ～ 15 分鐘即成。

鑄鐵平底鍋是煮米飯料理的高手，
不管是自家食用、宴客或聚餐，都很適合。

在雞肉上淋些許醬汁。
米飯有淡淡的焦香喔！

雞胸肉飯 10 $\frac{1}{4}$ 吋

材料（4 人份）

米……300 克

雞胸肉……2 片（700 克）

鹽……1½ 小匙

砂糖……1½ 小匙

清酒……80 毫升

薑（切薄片）……5 片

水……約 300 毫升

香菜……適量

● 醬汁

蔥（蔥白切碎末）……1 根份量

薑（磨成泥）……1 大匙

醬油……2 大匙

味醂……2 大匙

醋……1 大匙

孜然粉……少許

做法

1 洗好米，放入清水中浸泡 30 分鐘，瀝乾水分。

2 雞肉比較厚的部位劃幾刀，撒入鹽、砂糖抹一下，使入味。

3 將清酒倒入鑄鐵平底鍋中，以大火加熱，煮至沸騰後熄火。放入薑、做法 **2** 的雞肉（雞皮朝下），蓋上鍋蓋，以小火加熱約 5 分鐘，將雞肉翻面，再繼續蓋上鍋蓋加熱 5 分鐘，熄火。取出雞肉和煮汁，雞肉放入容器中，以保鮮膜包好，放於室溫下。

4 將做法 **1** 的米放入鑄鐵平底鍋中。煮汁與水混合，取 350 毫升煮汁水倒入鍋中，蓋上鍋蓋，以大火加熱，沸騰之後改成小火炊煮 10 分鐘。熄火後，將做法 **3** 的雞肉鋪在飯上，再次蓋上鍋蓋蒸約 10 分鐘。

5 將醬汁的材料倒入另一個小鍋中，以中火加熱，煮約 1 分鐘至沸騰，熄火。

6 取出雞肉，切成易入口的片狀，再擺回飯上。撒上切細的香菜，淋入做法 **5** 的醬汁即成。

鑄鐵平底鍋 *memo*

可以加入切片的小黃瓜，
口味更清爽，滋味更豐富！

西班牙海鮮烤飯 10 $\frac{1}{4}$ 吋

材料（4 人份）

蕃茄……1 個

甜椒……1 個

蘆筍……5 根

蝦子……6 尾

蛤蜊（吐完砂）……200 克

橄欖油……2 大匙

大蒜（切碎）……1 片份量

白酒……2 大匙

乾燥百里香、奧勒岡

……各 1/2 小匙

水……450 ～ 500 毫升

鹽……1/2 小匙～ 1 小匙少一點

粗粒黑胡椒……少許

日本免洗米……150 克

做法

1 蕃茄去除外皮；甜椒切掉蒂頭、取出籽，切成 1 公分寬；蘆筍切掉下端約 3 公分，從下方往上削皮 3 ～ 4 公分，再斜切成 3 段；蝦子剝掉外殼，但留下尾巴，背部淺淺劃開，挑除腸泥，去掉尾端和尖刺。

2 加熱前，先將橄欖油、大蒜倒入鑄鐵平底鍋中，以中火加熱至散發香氣，加入蛤蜊、蝦子和白酒，煮至沸騰後酒精揮發，蓋上鍋蓋，繼續加熱至蛤蜊的殼打開。

3 加入做法 1 的蕃茄、甜椒、百里香和奧勒岡，煮約 1 分鐘至沸騰，倒入水，以鹽、粗粒黑胡椒調味。

4 加入免洗米混拌鋪平，食材也排好，再放入做法 1 的蘆筍。

5 以小火加熱至水分煮乾，大約 50 ～ 60 分鐘。烹煮過程中若水分不足，可酌量倒入。

鑄鐵平底鍋 memo

可以把常用的紅色甜椒換成橘色甜椒，橘搭配綠，色澤更美麗。

海鮮湯汁滲入米飯中，
深層的風味令人著迷。

焦香蔥蛋炒飯 10 1/4 吋

材料（1～2人份）

珠蔥……1袋
橄欖油（烹調蔥用）……2大匙
溫米飯……200克
蛋……2個
橄欖油（烹調蛋用）……1小匙
牡蠣醬油（可以醬油＋少許烏斯特
黑醋拌勻取代）……1大匙
鹽、黑胡椒……適量

做法

1 珠蔥切蔥花。

2 將做法1、橄欖油倒入容器中混拌。

3 鑄鐵平底鍋以大火加熱，等冒煙後改成小火，倒入做法2鋪平，等有點焦香時翻拌一下，加入飯，以中火拌炒均勻、炒散，然後推向鍋子的半邊。

4 在做法3鍋子空出來的位置倒入烹調蛋用的橄欖油，緩緩倒入蛋液，將蛋液迅速攪拌，使成半熟狀態，然後與一旁的飯拌炒。

5 加入牡蠣醬油略炒一下，最後以鹽、黑胡椒調味即成。

因為整個鍋子受熱均一，飯和料炒得均勻，吃過的都說讚！

豐盛滿料的一鍋，
也可以加入日式美乃滋食用。

肉捲飯糰 10 $\frac{1}{4}$ 吋

材料（2～4人份）

米飯……400 克

白芝麻……2 大匙

薑（切細絲）……1 大匙

紫蘇葉（切細絲）……10 片份量

牛腿肉（切薄片）……16 片

芝麻油……1 大匙

南瓜……4 片

櫛瓜……1/2 條

A

　醬油……3 大匙

　清酒……2 大匙

　味醂……2 大匙

做法

1 將米飯、白芝麻、薑和紫蘇葉混拌均勻，做成 8 個圓柱形飯糰。

2 將牛肉拉長（不可拉破），包入做法 **1** 的飯糰捲好，再將一個個飯糰以牛肉緊實地包捲好。

3 鑄鐵平底鍋以大火加熱，等冒煙後改成小火，倒入芝麻油，加入南瓜、櫛瓜，一邊翻面一邊煎，煎熟後取出，

4 將做法 **2** 放入鍋中，一邊轉動飯糰一邊煎，等肉熟後加入拌勻的 **A**，再一邊翻動飯糰，一邊煮至收汁。

5 移入做法 **3** 即成。

加入地瓜，
讓料理更有咀嚼感！

豬五花與地瓜味噌炊飯

材料（4 人份）

米……300 克

豬五花肉……150 克

鹽……1 撮

地瓜……150 克

青蔥……5 根

A

水……350 毫升

味噌……2 大匙

醬油……1 大匙

味醂……1 大匙

茗荷（切碎）……2 個份量

白芝麻……1 大匙

做法

1 洗好米，放入清水中浸泡 30 分鐘，瀝乾水分。

2 地瓜削除外皮後切約 1.5 公分的半月形，放入清水中浸泡；豬五花肉切成 2 公分寬，撒上鹽；青蔥切蔥花。

3 將 **A** 混拌均勻後倒入鑄鐵平底鍋中，加入米鋪平，再依序鋪上地瓜、豬五花肉和青蔥。

4 蓋上鍋蓋以大火炊煮，如果散出蒸氣的話，改成小火炊煮約 11 分鐘。熄火，燜約 15 分鐘，再打開鍋蓋。

5 均勻地撒入茗荷、白芝麻即成。

鑄鐵平底鍋 *memo*

食用時，可稍微翻拌後再享用，並且品嘗米飯的焦香。融合了味噌、醬油和味醂等調味料，香氣滿溢。

白蘿蔔鷹嘴豆咖哩肉醬飯

材料（4 人份）

白蘿蔔……1/4 根

鷹嘴豆……100 克

洋蔥……1/2 個

橄欖油……1 大匙

牛絞肉……200 克

咖哩糊塊（磨成粉）……150 克

水……350 毫升

乾燥山椒粒……1/2 ～ 1 大匙

鹽……適量

米飯……適量

做法

1　白蘿蔔削除外皮，切約 1 公分的小丁，放入清水中浸泡。

2　洋蔥切成粗碎。

3　鑄鐵平底鍋以大火加熱，等冒煙後改成小火，倒入橄欖油和做法 2 稍微炒一下。

4　洋蔥炒至呈透明後，加入絞肉炒一下，炒至肉變色，加入瀝乾水分的做法 1、鷹嘴豆和咖哩稍微拌炒。

5　拌至咖哩均勻後，加入水、山椒粒，蓋上鍋蓋，煮至白蘿蔔變軟。打開鍋蓋，一邊攪拌一邊煮至喜歡的稠度，以鹽調味。

6　將米飯舀入盤器中，淋入咖哩即成。

鑄鐵平底鍋 memo

避免將剩餘的咖哩久放於鑄鐵平底鍋中，可能會導致鍋子生鏽，建議將料理放入容器中保存。

白蘿蔔容易煮熟，
咀嚼感亦佳！

用鑄鐵平底鍋
做人氣料理
TREND

鑄鐵平底鍋外型樸實簡單，
但烹調出的料理卻極具「時尚感」、
「有咖啡店氛圍」，受到大家歡迎。
用這種鍋烹調的人氣料理，包含荷蘭烤鬆餅、
西班牙的大蒜橄欖油人氣料理，
以及在家也能輕鬆製作的起司鍋等等。

荷蘭烤鬆餅

Dutch Baby Pancake

火紅的荷蘭烤鬆餅可以搭配蔬菜、水果，做成輕食料理享用，也可以做成甜點。濃郁的奶香，口感酥脆又鬆軟，立刻嘗嘗看！

荷蘭烤鬆餅佐戈岡佐拉起司沙拉 吋

材料（1 人份）

低筋麵粉……35 克

鹽……少許

蛋（室溫）……1 個

牛奶……50 毫升

無鹽奶油……10 克

戈岡佐拉起司
  （gorgonzola cheese）……10 克

貝比生菜
  （baby leaf，幼苗嫩葉）……1 袋

新鮮無花果……1 個

橄欖油……1 大匙

白巴沙米克醋
  （white balsamic）……1 大匙

做法

1 將低筋麵粉、鹽一起過篩後倒入容器中。

2 將蛋打入另一個容器中，加入約 50℃的牛奶輕輕拌勻（要避免起泡）。

3 將一半量的做法 2 加入做法 1 中，以打蛋器混拌均勻，再將剩餘的做法 2 分 2 ～ 3 次加入，每次都要混拌均勻。

4 鑄鐵平底鍋放在烤盤上，送入烤箱中以 230℃預熱。完成預熱後取出鑄鐵平底鍋，加入奶油，輕輕轉動平底鍋，使奶油融化並布滿整個鍋面。加入做法 3，同樣輕輕轉動平底鍋，使麵糊布滿整個鍋面。

5 將烤溫調至 220℃，將做法 4 放置烤箱的下層，烘烤約 15 分鐘，取出排放以手撕成小塊的戈岡佐拉起司，再放回烤箱中烘烤約 3 分鐘。

6 放上生菜、切塊的無花果，淋入橄欖油、白巴沙米克醋即成享用。

鑄鐵平底鍋 memo

荷蘭烤鬆餅是用鑄鐵平底鍋做的鬆餅。以麵粉、蛋和牛奶、奶油等材料烤成鬆餅，再搭配檸檬、糖粉、楓糖漿一起食用，也可以放上水果、火腿等，當作早餐或輕食料理。

鬆脆的口感，和起司、
無花果是美味的最佳組合。

濃郁的起司香氣讓起司鍋和義大利烘蛋引起大家的食慾,趁熱享用,更是人間美味,現在餐廳才吃得到的料理,也能在家烹調了。

將法國麵包或蔬菜,沾裹滿滿濃稠的起司大快朵頤!

起司鍋 ▶ 參照 p.100

加入豐盛食材完成的
西式烤蛋料理，
鬆軟口感令人喜愛。

蔬菜培根義大利烘蛋　➤ 參照 p.101

起司鍋 6 $\frac{1}{2}$ 吋

材料（2 人份）

高達起司（gouda cheese）
……150 克

太白粉……1 大匙

白酒……50 毫升

牛奶……50 毫升

大蒜（磨成泥）……1/2 片份量

粗粒黑胡椒……少許

白花椰菜……1/4 個

綠花椰菜……1/4 個

蘑菇……6 個

小蕃茄……4 個

法國麵包……1/4 條

做法

1 白花椰菜、綠花椰菜分成小朵。

2 將 2 大匙水（份量外）倒入鑄鐵平底鍋中以中火加熱，等沸騰之後改成小火，加入做法 1、蘑菇，蓋上鍋蓋燜煎，煮熟後取出蔬菜，鍋中的汁液不用擦乾。

3 高達起司磨成粉，和太白粉混合拌勻。

4 將做法 3、白酒、牛奶和蒜泥加入做法 2 的鑄鐵平底鍋中，以小火加熱，一邊攪拌一邊煮至滑順的液體，撒入粗粒黑胡椒。

5 法國麵包切成一口大小，放入烤箱稍微烤熱。將麵包、做法 2 的蔬菜和蕃茄一起盛盤，可沾著做法 4 享用。

蔬菜培根義大利烘蛋 6 $\frac{1}{2}$ 吋

材料（1 人份）

綠花椰菜……1/4 個

日本大蔥……1/2 根

蕃茄……1 個

厚片培根……1 片（約 60 克）

橄欖油……1 大匙

A

蛋……2 個

牛奶……2 大匙

鹽……1 撮

起司粉……1 小匙

B

起司絲……30 克

起司粉……1 小匙

粗粒黑胡椒……少許

做法

1 綠花椰菜分成小朵，梗切成薄片；大蔥切蔥花；蕃茄切成大塊；培根切約 1 公分寬。

2 鑄鐵平底鍋以大火加熱，等冒煙後改成小火，倒入橄欖油，加入做法 **1** 的培根，炒至培根上色，再加入做法 **1** 的大蔥，炒至散發出香氣。

3 加入做法 **1** 的綠花椰菜、蕃茄迅速拌炒，然後加入拌匀的 **A**，蓋上鍋蓋，煮至蛋液凝固，約 8 ～ 10 分鐘。

4 撒上 **B**，放入小烤箱中加熱至起司絲融化即成。

這是以橄欖油燉煮食材，所以溫度相當高，如果利用鑄鐵平底鍋來做，就不用擔心器具破掉了。

蒜味橄欖油明太子茗荷

材料（2 人份）

明太子……1 條

茗荷……3 個

洋蔥……1/2 個

大蒜……1 片

橄欖油……100 毫升

鹽……少許

做法

1 洋蔥順著纖維垂直切成薄片；茗荷切成約 1 公分寬的圓片；大蒜切成約 0.5 公分寬的圓片。

2 將橄欖油倒入鑄鐵平底鍋中，加入做法 **1** 的洋蔥、大蒜和鹽。

3 明太子直劃一刀後左右攤開，取出魚卵後加入做法 **2**，將茗荷放入鍋子周邊，以中火煮至沸騰，沸騰後再繼續煮約 5 分鐘即成。

鑄鐵平底鍋 memo

茗荷通常是順著纖維縱切來處理，但此處改以切成圓片。稍微改變切法，也許會產生不同風味和料理風貌。

利用日本食材烹調這道料理，
和日本酒一起食用也很搭。

103

蒜味橄欖油烏賊大頭菜 ➤ 參照 p.106

橄欖油蒜片蛤蜊馬鈴薯 ➤ 參照 p.106

蒜味橄欖油蝦子水芹 ➤ 參照 p.107

西班牙蒜味鰹魚小蕃茄 ➤ 參照 p.107

將螢光烏賊的苦味與
大頭菜的鮮甜中和。

蒜味橄欖油烏賊大頭菜 6 $\frac{1}{2}$ 吋

材料（2 人份）

螢光烏賊……100 克
大頭菜……1 個
大蒜……1 片
橄欖油……100 毫升
鹽……1 撮

做法

1 烏賊去除眼睛和嘴部，以水洗淨後確實擦乾。

2 大頭菜的根留下約 2 公分，其餘切掉，根周圍的皮削除，根之間的泥土也要徹底洗淨，再切成 8 等分的月牙形。大蒜切成約 0.5 公分寬的圓片。

3 將橄欖油倒入鑄鐵平底鍋中，加入鹽、做法 **1** 和 **2**，以中火煮至沸騰，沸騰後再繼續煮約 5 分鐘即成。

馬鈴薯片讓這道料理
口感更特別、更棒。

橄欖油蒜片蛤蜊馬鈴薯 6 $\frac{1}{2}$ 吋

材料（2 人份）

蛤蜊（吐完砂）……100 克
馬鈴薯……100 克
大蒜……1 片
橄欖油……100 毫升
鹽……1 撮
新鮮迷迭香……1 枝

做法

1 馬鈴薯削除外皮，切成約 0.5 公分寬的圓片，或是切成半月形，放入清水中浸泡，再取出瀝乾水分。大蒜切成約 0.5 公分寬的圓片。

2 將橄欖油倒入鑄鐵平底鍋中，加入鹽、做法 **1**，以中火煮至沸騰，再改成小火加熱，直到馬鈴薯煮至半熟。

3 加入瀝乾水分的蛤蜊、迷迭香，煮至蛤蜊的殼打開即成。

加入豐盛的水芹，
美味度大增。

蒜味橄欖油蝦子水芹 6½吋

材料（2 人份）

蝦子……6 尾
水芹……6 根
大蒜……1 片
橄欖油……100 毫升
鹽……1 撮
乾燥奧勒岡（oregano）
……1/2 小匙

做法

1 蝦子剝掉外殼，但留下尾巴，背部淺淺劃開，挑除腸泥，去掉尾端和尖刺。大蒜切成約 0.5 公分寬的圓片。水芹的莖留約 4 公分，其餘切掉。

2 將橄欖油倒入鑄鐵平底鍋中，加入鹽、蝦子、大蒜，以中火加熱，煮至蝦子變色，再將蝦子翻面。

3 加入奧勒岡和水芹，煮至沸騰即成。

油封風味的厚片鰹魚，
一吃就停不下來。

西班牙蒜味鰹魚小蕃茄

材料（2 人份）

鰹魚（生魚片用）……1 條
小蕃茄……4 個
大蒜……1 片
紫蘇葉……10 片
橄欖油……100 毫升
鹽……1 撮
檸檬（切圓片）……2 片

做法

1 鰹魚切約 2 公分寬；大蒜切成約 0.5 公分寬的圓片；紫蘇葉縱切成對半。

2 將橄欖油倒入鑄鐵平底鍋中，加入鹽、大蒜，以中火加熱，煮至散發出香氣，加入紫蘇葉、小蕃茄，煮至小蕃茄熟了，放入鰹魚、檸檬，繼續煮至鰹魚半熟即成。

鑄鐵平底鍋 memo

可將泡過水的洋蔥等放在做法 2 上面，再淋入些許橄欖油亦可。

PART 5

用鑄鐵平底鍋
做可愛甜點
SWEETS

鑄鐵平底鍋也很擅長製作甜點。從荷蘭烤鬆餅、
鬆餅、法式吐司、塔和布朗尼等等，
加上鍋子本身外型可愛討喜，很吸引眾人的目光。
鑄鐵平底鍋因受熱均勻，不用擔心會失敗，
完成的甜點都好吃！

荷蘭烤鬆餅（又叫荷蘭寶貝煎餅、德國煎餅）以及鬆餅，是最佳的早午餐、下午茶點心，做法和材料都很簡單，新手也能嘗試。

檸檬糖荷蘭烤鬆餅 吋

材料（1 人份）

低筋麵粉……35 克

鹽……少許

蛋（室溫）……1 個

牛奶……50 毫升

無鹽奶油……10 克

糖粉……適量

檸檬皮（皮磨成末）
……1/2 個份量

楓糖漿……適量

做法

1　將低筋麵粉、鹽一起過篩後倒入容器中。

2　將蛋打入另一個容器中，加入約 50℃ 的牛奶輕輕拌勻（要避免起泡）。

3　將一半量的做法 2 加入做法 1 中，以打蛋器混拌均勻，再將剩餘的做法 2 分 2 次加入，每次都要混拌均勻。

4　鑄鐵平底鍋放在烤盤上，送入烤箱中以 230℃ 預熱。完成預熱後取出鑄鐵平底鍋，加入奶油，輕輕轉動平底鍋，使奶油融化並布滿整個鍋面。加入做法 3，同樣輕輕轉動平底鍋，使麵糊布滿整個鍋面。

5　將烤溫調至 220℃，將做法 4 放置烤箱的下層，烘烤約 15 分鐘。

6　出爐後撒上糖粉、檸檬皮末，淋上楓糖漿即成。

鑄鐵平底鍋 memo

溫牛奶加入蛋液時，不要拌至起泡，這樣麵糊才能沿著鍋壁膨脹、立起，完成冷卻後也不會塌陷的荷蘭烤鬆餅。

以鑄鐵鍋烹調，風味更佳，
膨鬆口感令人喜愛。

鬆餅佐草莓醬汁冰淇淋 ➤ 參照 p114

用鑄鐵鍋烤鬆餅，
Q 彈的口感超吸引人。

必吃的香蕉巧克力口味，
佐以打發鮮奶油更夠味。

巧克力香蕉鬆餅佐打發鮮奶油 ➤ 參照 p.115

鬆餅佐草莓醬汁冰淇淋

材料（1 人份）

● 草莓醬汁

小顆草莓……100 克

精緻砂糖……1½ 大匙

● 鬆餅麵糊

蛋……1 個

精緻砂糖……1 大匙

牛奶……50 毫升

低筋麵粉……60 克

泡打粉……1/2 小匙

無鹽奶油……25 克

冰淇淋……1 球

做法

1 **製作草莓醬汁：**草莓切掉蒂頭後放入鑄鐵平底鍋中，加入砂糖，蓋上鍋蓋，以小火加熱。煮至沸騰後打開鍋蓋，繼續煮至草莓變軟，然後放入容器中，移入冰箱冷藏。

2 **製作鬆餅麵糊：**將蛋和砂糖倒入容器中，以打蛋器混拌至起泡，倒入牛奶確實混拌均勻。

3 低筋麵粉、泡打粉混合過篩，倒入做法 **2** 混拌，接著加入隔水加熱融化的奶油混合。

4 鑄鐵平底鍋以大火加熱，等冒煙後放在濕布上，使鍋子稍微降溫，緩緩倒入做法 **3**，蓋上鍋蓋。以小火加熱約 5 分鐘。將鬆餅翻面後再蓋上鍋蓋，繼續加熱約 6 分鐘。

5 放入冰淇淋，淋入適量的做法 **1** 即可享用。

鑄鐵平底鍋 memo

以鑄鐵平底鍋製作水果醬汁時，如果醬汁放在鍋中不管的話，鐵質容易滲入醬汁而變成黑色，所以要盡早移至其他容器盛裝。

巧克力香蕉鬆餅佐打發鮮奶油

 6 $\frac{1}{2}$ 吋

材料（1 人份）

蛋……1 個

精緻砂糖……1/2 大匙

牛奶……50 毫升

低筋麵粉……60 克

泡打粉……1/2 小匙

巧克力豆……20 克

無鹽奶油……25 克

鮮奶油……100 克

精緻砂糖（打發鮮奶油用）

……1 大匙

香蕉……1/2 根

市售巧克力醬……適量

市售杏仁角……適量

做法

1 將蛋和砂糖倒入容器中，以打蛋器混拌至起泡，倒入牛奶確實混拌均勻。

2 低筋麵粉、泡打粉混合過篩，倒入做法 1 混拌，拌至無粉顆粒（粉氣）後，加入巧克力豆混合。接著加入隔水加熱融化的奶油混合。

3 鑄鐵平底鍋以大火加熱，等冒煙後放在濕布上，使鍋子稍微降溫，緩緩倒入做法 2，蓋上鍋蓋。以小火加熱約 5 分鐘。將鬆餅翻面後再蓋上鍋蓋，繼續加熱約 6 分鐘。

4 鮮奶油、砂糖倒入容器中，攪打至以攪拌器舀起，鮮奶油霜尖端尖挺、不下墜；香蕉剝掉外皮後切斜片。

5 將做法 4 的香蕉排入做法 3 中，擠入做法 4 的打發鮮奶油，淋入巧克力醬，撒入杏仁角即成。

鑄鐵平底鍋 *memo*

鬆餅麵糊倒入平底鍋時，緩慢倒入可以煎成薄餅皮；以鑄鐵平底鍋操作的話，因為有鍋壁，可直接倒入麵糊，煎成有厚度的鬆餅也很棒。

除了烤箱，你也可以用鑄鐵平底鍋做甜點喔！特殊的酥脆口感、濃郁的食材香氣，讓鑄鐵平底鍋好好發揮功效。

檸檬搭配紅茶芳醇的香氣，
完成一道高質感的甜點。

檸檬茶蛋糕 ➤ 參照 p118

檸檬的風味，讓甜點更清爽、不膩。

檸檬甜派 ➤ 參照 p.119

116

麵筋法式吐司 ➤ 參照 p.119

煎至香酥的麵筋、濃醇的冰淇淋，
沒有比這更棒的組合了。

檸檬茶蛋糕

材料（4 人份）

● 蛋糕麵糊

無鹽奶油……90 克

精緻砂糖……50 克

蛋（室溫）……3 個

杏仁粉……50 克

低筋麵粉……80 克

泡打粉……1 小匙

紅茶茶葉……4 克

檸檬皮（皮磨成末，用於麵糊）
……1/2 個份量

● 檸檬糖霜

糖粉……70 克

檸檬汁……20 毫升

檸檬皮（皮磨成末，用於配料）
……1/2 個份量

做法

1 **製作蛋糕麵糊**：將無鹽奶油倒入容器中，拌成柔軟的膏狀，加入砂糖混拌，再一個一個打入蛋攪拌，混拌均勻。

2 加入杏仁粉混拌，再將低筋麵粉、泡打粉混合過篩，倒入混拌，拌至無粉顆粒（粉氣）後，加入茶葉和檸檬皮混合。

3 鑄鐵平底鍋表面薄塗一層無鹽奶油（份量外），倒入做法 2 後把表面弄平。烤箱以 180℃ 預熱。將整鍋放入烤箱中，烘烤 20 分鐘，再將烤溫改成 160℃ 繼續烘烤 15 分鐘。出爐放涼後取出蛋糕，放在冷卻架上。

4 **製作檸檬糖霜**：將糖粉、檸檬汁倒入容器中混合均勻即成。

5 在做法 3 的冷卻架下方鋪放容器或盤子，將做法 4 的檸檬糖霜從蛋糕上面淋下，再把滴至下方容器或盤子的檸檬糖霜集在一起，再次淋在蛋糕上。

6 蛋糕表面撒些許檸檬皮末，移入冰箱冷藏至檸檬糖霜冰硬即成。

檸檬甜派

材料（4 人份）

● 餅乾麵團
無鹽奶油（室溫）……65 克
精緻砂糖……30 克
低筋麵粉……80 克
鹽……少許

● 檸檬酪
精緻砂糖……120 克
蛋……2 個
檸檬皮（皮磨成末）
……1/2 個份量
檸檬汁……70 毫升
低筋麵粉……40 克

糖粉……適量

做法

1 **製作餅乾麵團**：將無鹽奶油倒入容器中，拌成柔軟的膏狀，加入砂糖混拌至鬆發，加入低筋麵粉、鹽混拌均勻。

2 鑄鐵平底鍋表面薄塗一層無鹽奶油（份量外），均勻地鋪入做法 **1**，用湯匙整個壓平成底。烤箱以 170℃ 預熱。將整鍋放入烤箱中，烘烤 10 ～ 15 分鐘。

3 **製作檸檬酪**：將砂糖、蛋、檸檬皮和檸檬汁混拌均勻，再加入低筋麵粉拌合。

4 將做法 **3** 倒入做法 **2** 中，放入烤箱中以 170℃ 烘烤 30 分鐘。出爐放涼後取出甜派，待涼後撒入糖粉即成。

麵筋法式吐司

材料（1 人份）

麵筋……25 克
蛋……1 個
牛奶……2 大匙
蜂蜜……1 小匙
無鹽奶油……10 克
精緻砂糖……1 大匙
冰淇淋……1 球
黃豆粉……1 大匙

做法

1 蛋打入容器中拌勻，加入牛奶、蜂蜜混拌均勻。加入麵筋泡約 30 分鐘，使麵筋吸飽蛋液。

2 鑄鐵平底鍋以大火加熱，等冒煙後改成小火，放入奶油加熱融化，加入做法 **1**，從上方撒入砂糖，兩面煎至焦香。

3 將做法 **2** 推至鍋面的一半，鍋面空的位置放入冰淇淋，均勻撒入黃豆粉即成。

塔
Tart

以市售餅乾製作塔皮，再依喜好選用水果、乳酪等餡料，
是新手百分之百能成功的甜點。

使用奧利奧餅乾製作塔皮。
橘子風味最清爽！

鮮橙塔 ▶ 參照 p122

香蕉、巧克力、
起司三重奏……

香蕉白巧克力起司蛋糕 ➤ 參照 p.123

鮮橙塔

6 ½ 吋

材料（4 人份）

● 塔皮

奧利奧（oreo）香草夾心餅乾
……8 片

無鹽奶油（塔皮用）……20 克

● 餡料

無鹽奶油（室溫，餡料用）
……40 克

精緻砂糖……40 克

蛋（室溫）……1 個

杏仁粉……70 克

君度橙酒（cointreau）
……1 小匙

柳橙果醬……3 大匙

檸檬汁……1 大匙

柳橙……2 個

做法

1 **製作塔皮：**將奧利奧香草夾心餅乾（連同夾心）放入堅固的密封夾鍊袋中，用擀麵棍將餅乾擀壓成細碎，然後放入容器中，加入隔水加熱融化的奶油混拌均勻。

2 將拌好的做法 1 倒入鑄鐵平底鍋中，以湯匙壓平，高度約為平底鍋側面高度的一半，然後放入冰箱冷藏冰硬。

3 **製作餡料：**將無鹽奶油倒入容器中，拌成柔軟的膏狀，加入砂糖混拌，蛋打入混拌均勻，再加入杏仁粉、君度橙酒拌勻。

4 將做法 3 倒入冰硬的做法 2 中。烤箱以160℃預熱。將整鍋放入烤箱中，烘烤 40 分鐘。

5 將柳橙果醬倒入容器中，加入檸檬汁拌勻，然後倒在冷卻了的做法 4 上面，塗抹好。柳橙去皮，果肉剝掉膜，切好果肉後排上即成。

香蕉白巧克力起司蛋糕

材料（4人份）

● 塔皮

奧利奧（oreo）巧克力夾心餅乾
……8片

無鹽奶油（塔皮用）……20克

● 餡料

奶油起司（室溫）……250克

白巧克力……40克

蛋液……1個份量

香蕉……1根

做法

1 **製作塔皮：**將奧利奧巧克力夾心餅乾（連同夾心）放入堅固的密封夾鍊袋中，用擀麵棍將餅乾擀壓成細碎，然後放入容器中，加入隔水加熱融化的奶油混拌均勻。

2 將拌好的做法 1 倒入鑄鐵平底鍋中，以湯匙壓平，高度約為平底鍋側面高度的一半，然後放入冰箱冷藏冰硬。

3 **製作餡料：**將奶油起司倒入容器中，拌成柔軟的膏狀，加入隔水加熱融化的白巧克力，混拌至滑順，再加入蛋液混拌均勻。

4 將香蕉放入另一個容器中，用叉子壓成泥，然後加入做法 3 混拌均勻。

5 將做法 4 倒入冰硬的做法 2 中，烤箱以 180℃預熱。將整鍋放入烤箱中，烘烤約 35 分鐘。

6 出爐放涼後取出蛋糕，放入冰箱冷藏即成。

布朗尼・西班牙烤布丁

Brownie・Katarana

口感非常濃郁的布朗尼和西班牙烤布丁，都是很適合在家中烘烤的點心。樸實的外表，卻有令人訝異的風味，滿足大家的甜點胃。

無論舀起或用切的食用，配上焦脆的焦糖都很美味。

西班牙烤布丁 吋

材料（4 人份）

蛋黃……4 個
香草豆莢……1/2 根
精緻砂糖……65 克
鮮奶油……270 毫升
蘭姆酒……2/3 大匙
精緻砂糖（表面用）……2 大匙

做法

1 將香草豆莢縱向割開，放入砂糖中，以刀尖順著豆莢刮過去，取出香草籽。

2 將鮮奶油、做法 1 和蛋黃倒入鍋中，以小火一邊加熱，一邊輕輕攪拌至砂糖溶解，過篩，再倒入蘭姆酒拌勻，取出香草豆莢。

3 鑄鐵平底鍋表面薄塗一層無鹽奶油（份量外），緩緩地倒入做法 2。

4 將做法 3 放在烤盤上，倒入滾水至烤盤中，滾水約至烤盤的 1～2 公分高。烤箱以 170℃ 預熱。將烤盤放入烤箱中，烘烤 40 分鐘。

5 出爐後放冷卻，移入冰箱冷凍。冷凍冰硬後取出，撒上一層薄薄的砂糖，以噴槍燒過形成焦脆的焦糖，再放回冰箱冷凍即成。

剛出爐的熱騰騰口感，配上冰淇淋如何？

櫻桃布朗尼 6 $\frac{1}{2}$ 吋

材料（4 人份）

無鹽奶油……90 克
巧克力（可可含量 56%）
……90 克
蛋……1 個
蛋黃……1 份量
精緻砂糖……130 克
低筋麵粉……100 克
可可粉……20 克
冷凍櫻桃……50 克

做法

1 將無鹽奶油、巧克力放入容器中，隔水加熱至融化。

2 將蛋、蛋黃倒入另一個容器中拌勻，加入砂糖混拌均勻，再加入做法 1 混拌均勻。

3 低筋麵粉、可可粉混合過篩，倒入做法 2 混拌，拌至無粉顆粒（粉氣）。

4 將做法 3 倒入鑄鐵平底鍋中，在麵糊表面排入半解凍的冷凍櫻桃，並輕輕壓入麵糊中。

5 烤箱以 180℃ 預熱。將整鍋放入烤箱中，烘烤40 分鐘。